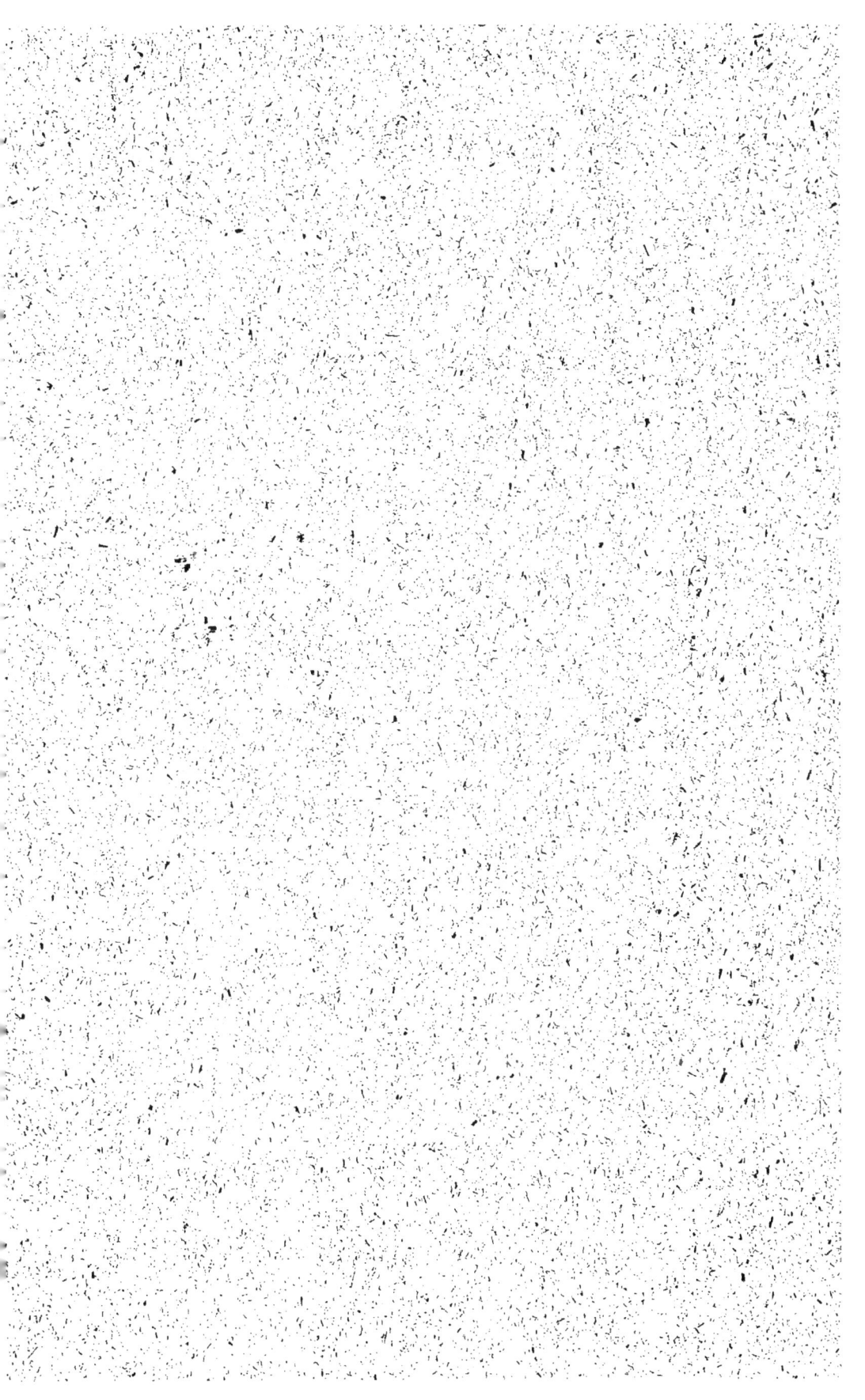

Tb 64 46

# RÉFLEXIONS

## IMPARTIALES

### SUR

## LE MAGNÉTISME ANIMAL,

*FAITES après la publication du* RAPPORT *des Commiſſaires, chargés par le* ROI *de l'Examen de cette Découverte.*

## A GENEVE,

Chez BARTHELEMI CHIROL, Libraire,

*Et ſe vend à PARIS,*

Chez PERISSE le jeune, Libraire rue du Marché neuf
Notre-Dame.

## 1784.

# RÉFLEXIONS

## IMPARTIALES

## SUR LE MAGNÉTISME ANIMAL,

*FAITES après la publication du RAPPORT des Commiſſaires, chargés par le ROI de l'Examen de cette Découverte.*

---

ON parle depuis long-temps du *Magnétiſmé animal*; une multitude de perſonnes ſe ſont ſoumiſes au traitement magnétique du célebre Docteur *Meſmer* : les unes y ont rétabli leur ſanté ; les autres en ont éprouvé des effets qu'on dit avoir été funeſtes ; la Capitale & les Provinces citent leurs cures *magnétiques*. Il eſt impoſſible de nombrer ceux qui connoiſſent, ou diſent connoître ce qu'on appelle *le Magnétiſme animal*: on a écrit ſur tous les tons, pour & contre cette découverte, & cependant, on peut douter encore ſi le *Magnétiſme exiſte*.

A

Des Commiſſaires, nommés par le Roi, viennent de décider ſur la queſtion de l'exiſtence & de l'utilité du Magnétiſme, que *rien ne prouve l'exiſtence du fluide magnétique animal; que ce fluide ſans exiſtence eſt par conſéquent ſans utilité*: mais comme ils n'ont pu nier les effets, & qu'ils ont cru reconnoître que *le Magnétiſme n'exiſtoit pas*, tout effet dans la nature devant avoir une cauſe, ils ont dit que ces prétendus phénomenes magnétiques étoient dus *à l'attouchement*, *à l'imagination & à l'imitation*; d'où ils ont conclu que *tout traitement public où les moyens du Magnétiſme ſeront employés, ne peut avoir à la longue que des effets funeſtes qui pourront ſe répandre en épidémie & peut-être s'étendre aux générations futures.* ( *Rapp. des Comm. du Roi*, pag. 64. 66. )

D'après ce jugement prononcé par des hommes reſpectables à toutes ſortes de titres, & qui paroiſſent avoir pris les précautions les plus ſages pour parvenir à reconnoître la vérité, je ſoumettrois peut-être mon opinion, ſi je n'avois été témoin de pluſieurs expériences plus déciſives que celles qu'ils ont citées; expériences qui m'ont convaincu que le Magnétiſme exiſte indépendamment *de l'attouchement, de l'imagination & de l'imitation*. C'eſt à le démontrer que je conſacre cet écrit; c'eſt un ſecours que, dans ce moment *de criſe*, je crois néceſſaire au bien de l'humanité. Comme je n'ai aucun interêt perſonnel à la ſolution du problême, j'éviterai de me rendre fufpect, en ne me permettant aucune inculpation ; je n'épouf*erai* aucun parti ; je me contenterai de rapporter les faits , & d'indiquer les expériences à faire ; celui qui les croira poffibles, qui fe chargera de les réalifer, prouvera à coup fûr fa fupériorité. En gardant l'anonyme , qu'on ne me foupçonne pas d'avoir l'intention de me montrer quelque jour pour tenter les expériences que j'indiquerai : je connois des hommes plus inftruits que moi, j'en fuppofe dans toutes les écoles ; c'eft à eux qu'eft réfervée la gloire de convaincre les plus incrédules fur l'exiftence du *Magnétifme animal.*

Je penfe, comme les Commiffaires du Roi, *qu'il n'eft pas befoin de connoître la théorie du Magnétifme pour décider de fon exiftence ; qu'il fuffit de confidérer les effets , parce que c'eft par les effets que l'exiftence d'une caufe fe manifefte.* Je ne parlerai donc point de cette théorie, ni des pratiques particulieres pour exciter & diriger cet agent : il n'y a eu que trop d'indifcrétions fur la manipulation ; & c'eft , ce me femble , une inconféquence de la part de tous ceux qui ont écrit pour dire que ce moyen vrai ou faux *ne pouvoit être utile en médecine que comme les poifons, parce qu'il produit des crifes & différens états violens qui peuvent fe répandre en épidémie,& peut-être s'étendre aux générations futures ;* c'eft une inconféquence, dis-je, d'avoir mis dans

la main de tous les hommes , un agent tout chi-
mérique qu'il feroit , puifqu'il en doit réfulter de
fi grands maux. Il faut adreffer le même repro-
che à ceux qui fe font convaincus que *le Magnétifme exifte* , mais qu'on peut en abufer : ceux-là
n'ont pas été plus réfervés ; ils ont publié , par
amour propre , ce qu'ils auroient dû taire dans
l'opinion qu'ils s'en étoient formée.

Mais fi je m'impofe une fage réferve fur le
Magnétifme , je dois affurer que non-feulement
la doctrine du Docteur *Mefmer* m'eft connue,
mais encore celle de M. le Chevalier *de Barberin* & celle de M. *Deflon* : dans toutes, il y a
des chofes importantes , & d'autres fur lefquelles
il ne faut pas encore prononcer ; mais la manipulation eft par-tout la même , ou du moins
la différence en eft peu fenfible. L'opinion que
je me fuis formée de tous ces fyftêmes , eft qu'ils
font encore incomplets , & qu'il faudra travailler
& obferver long-temps avant de pouvoir dé-
duire des faits , une théorie exactement vraie.
Sans partialité , cependant , je fuis obligé de
convenir que la doctrine de M. le Chev. *de Barberin* eft plus grande , & paroît préfenter un fyf-
tême mieux lié : elle differe de celle de M. *Mefmer*
par le principe qui lui fert de bafe ; auffi les réfultats font-ils plus étendus , plus généraux, & les
phénomenes expliqués d'une maniere plus fatisfaifante : il y a plus ; lorfqu'on eft inftruit ,
on les conçoit avant que de les avoir vus.

Qu'on ne m'accufe pas néanmoins de chercher à diminuer la gloire de M. *Mefmer*; il aura toujours celle d'avoir été le premier qui ait mis en pratique un moyen dont on avoit parlé avant lui , mais fans qu'il refte des indices qu'on en ait jamais fait ufage , ni que les procédés qu'on lui a vu employer aient été connus : il eft même poffible que l'ouvrage de *Maxwel* ne fût point parvenu à fa connoiffance, ainfi qu'il l'affure lui-même. Quoiqu'il en foit, ce que *Maxwel* a penfé, M. *Mefmer* peut l'avoir conçu de même par l'effort de fon génie, ou par des circonftances favorables ; & ce Médecin tiendra toujours le premier rang parmi ceux qui courent aujourd'hui la même carriere : & encore que fa doctrine théorique puiffe être conteftée , c'eft à lui que les hommes font redevables d'avoir recouvré l'ufage d'une de leurs facultés dont le fouvenir même étoit perdu : l'homme jufte fera fans peine cet aveu ; quant à moi , j'aime à lui rendre cet hommage, plus vrai , plus flatteur que ces louanges qui tiennent de l'enthoufiafme, & que les jaloux ne manquent jamais de tourner en ridicule.

Il faut réduire la queftion à un terme très-fimple , à une feule propofition : *Le Magnétifme animal exifte-t-il?* S'il exifte, on examinera pourquoi, & comment il exifte. Si c'eft un *fluide*, ou une *action* de l'homme ; de quelle nature peut & doit être le fluide que M. *Mefmer* a nommé

*fluide magnétique animal?* On cherchera à s'aſſu-
ſurer s'il eſt utile quelquefois, ou ſi dans tous
les cas il eſt nuiſible, & juſqu'à quel point on
doit le regarder comme un moyen curatif ou
indicatif en Médecine; enfin, on prononcera ſur
la théorie & la forme qu'il conviendra d'adopter
pour tranſmettre à la poſtérité le *Magnétiſme*
*animal.*

Après le rapport des Commiſſaires, il ne faut
préſenter comme preuves de l'exiſtence de *l'ac-*
*tion magnétique*, que les effets qui ſont indépendans de *l'attouchement*, *de l'imagination & de*
*l'imitation*; s'il en eſt de certains, ſi l'on parvient à répéter avec ſuccès les expériences que
j'indiquerai, il ſera démontré que les Commiſſaires ſe ſont trop hâtés de prononcer que le *Ma-*
*gnétiſme n'exiſte pas.*

Dans le nombre des expériences faites par les
Commiſſaires, j'aurois deſiré qu'ils euſſent porté
leurs obſervations ſur un de ces *Somnambules*
rendu tel par *l'action magnétique*, & qu'ils l'euſſent ſoumis aux épreuves ſuivantes: après lui avoir
mis ſur les yeux le bandeau dont ils ſe ſont ſervis
dans leurs expériences, lui préſenter différentes
perſonnes dont les maux auroient été connus,
& lui demander de les indiquer. Si ce Médecin,
d'une eſpèce nouvelle, eût découvert le ſiege des
maux par le ſeul contact, je doute qu'il eût
été poſſible aux Commiſſaires de dire que *l'at-*
*touchement* auroit produit le mal, & que *l'ima-*

gination *ou l'imitation* y fuffent pour quelque chofe. Cette expérience eft décifive : elle s'eft faite fous mes yeux au traitement de M. *Mefmer*, & depuis, je l'ai vu répéter à Lyon plufieurs fois & avec fuccès ; les précautions les plus sûres ayant été prifes pour éviter la fupercherie. Les diffé-rentes *Somnambules* qui ont fervi aux expériences font des filles du peuple : on leur a préfenté des fujets malades qui leur étoient inconnus ; elles ont indiqué, avec la plus grande exactitude, le fiege des maladies dont ils étoient affectés. Je les ai vu reffentir vivement les maux de ceux qu'elles magnétifoient, & les manifefter en portant les mains fur elles, aux mêmes parties. Jufqu'à ce qu'on explique comment un *Somnambule*, par le Magnétifme, peut indiquer mieux qu'aucun Médecin, le fiege & la nature d'une maladie dont un autre individu eft affecté, je ferai auto-rifé à penfer que c'eft par *l'action magnétique* qu'il rencontre fi promptement & fi jufte ce qui fe paffe dans l'intérieur du corps humain.

La difficulté d'expliquer ce phénomene & tous ceux qu'offrent les *Cataleptiques par le magnétifme*, eft fans doute une des caufes qui a empêché les Commiffaires de s'en occuper : ils auroient bien pu dire que *l'attouchement, l'imagination & l'imita-tion* les avoient mis dans cet état, ou dù moins avoient finguliérement aidé à *l'action magnétique* ; mais après avoir une fois conftaté que cet état de *catalepfie* étoit réel, auroient-ils pu attribuer ces réfultats aux mêmes caufes ? Les Commiffaires ne peuvent pas fuppofer à une *action nulle*, un effet auffi certain, & qui a tous les *caracteres magnétiques* ; & s'ils ont préféré de dédaigner ces phénomenes, la queftion de l'exiftence du Magnétifme refte entiere.

Je ne me fuis pas engagé à donner l'explication des effets dont j'ai été le témoin ; il faudroit difcourir trop long-temps & dévoiler ce qui m'a été confié : mais c'eft parce que je conçois pourquoi & comment ces phénomenes ont lieu ; parce que je fais qu'ils font produits par *l'action magnétique* ; c'eft pour cela, dis-je, que je fuis convaincu que *le Magnétifme exifte* : je vais en rapporter des preuves non moins concluantes.

On vient de voir qu'un *Somnambule par le magnétifme* a la faculté de découvrir dans un malade les parties affectées. Si le Magnétifeur obtient le même réfultat, en employant les mêmes procédés, il faudra bien avouer que le *Magnétifme exifte* ; on fera dès-lors obligé d'aller plus loin & de convenir que c'eft une découverte très-précieufe en médecine, quand elle n'auroit d'autre utilité que d'indiquer avec certitude le véritable fiege des maladies. M. *Mefmer* l'avoit dit ; mais M. *Mefmer* employoit le *contact*, & interrogeoit fes malades : or, ce n'eft point affez pour convaincre, depuis le rapport des Commiffaires. M. le Chevalier de *Barberin*, & tous ceux qui fuivent fes principes, font parvenus à

indiquer avec certitude le fiege des maladies ;
fans toucher le malade, & fans l'interroger.

J'ai vu plufieurs fois des Magnétifeurs de l'é-
cole de M. *Barberin*, reconnoître les maladies
de ceux qui venoient les confulter, fans attouchement, & même en agiffant à une affez grande
diftance ; leur impofer filence ; faire le rapport
de leurs obfervations, & indiquer très-jufte. Il
y a plus, j'ai été témoin d'un fait qui étonnera
peut-être ceux qui le liront ; mais le procédé
m'en étant connu, je conçois que le réfultat
devoit en être tel : plufieurs malades fe préfen-
terent à la confultation ; un Magnétifeur fe plaça
fucceffivement devant eux, debout, les prenant
par les pouces, fans rien dire de part ni d'autre, & fans autre gefte ou attouchement ; il
défigna en très-peu de temps, parfaitement, l'état
de chaque malade & les parties affectées.

A l'appui de ces faits, on peut citer les deux
expériences faites à l'Ecole vétérinaire de Lyon,
le 22 Juillet & le 9 Août de cette année. J'ai
été témoin de la derniere faite en préfence de
S. A. R. le Prince Henri de Pruffe ; le fuccès
fut complet ; tous les fpectateurs ont vu que le
cheval magnétifé *fans attouchement*, éprouvoit
une fenfation forte, qui fe manifeftoit par fes
mouvemens & par une toux qui fut excitée auffi-
tôt qu'on dirigea *l'action magnétique* fur le *la-
rinx*, où il avoit une maladie qui fut défignée.

Je fais qu'on a élevé, & qu'on s'efforcera

d'élever encore des doutes fur ces différentes expériences ; ceux-mêmes qui auroient intérêt à y croire, par cela feul qu'ils ne fe font pas mis en état de les répéter, fe permettent de foupçonner une intelligence frauduleufe avec ceux qui ont fourni le cheval ; de forte qu'on n'auroit indiqué que les maladies qu'on favoit d'avance exifter. Je ne puis partager ce doute ; ceux qui ont opéré me font trop connus ; ils fe feroient compromis, fi non dans ce moment, au moins dans l'avenir ; car il viendra un moment où l'on faura, à n'en plus douter, fi le Magnétifme peut indiquer d'une maniere auffi certaine le fiege des maladies : je ne puis enfin les fufpecter, parce que je fuis convaincu de la certitude de leurs procédés, ainfi que de ma propre exiftence, & que rien n'eft plus réel que ce réfultat important du Magnétifme, fuivant les principes de M. *Barberin*.

J'ai vu employer des procédés, inconnus à tous ceux qui ne font pas de fon école, à l'aide defquels, hors de la préfence des malades, on a reconnu avec encore plus d'exactitude, le fiege & la nature des maladies. Il exifte donc *une action* quelconque, un moyen auquel on a donné le nom de *Magnétifme animal*, qui conduit à un réfultat auffi fatisfaifant ; & ce moyen eft très-indépendant de *l'attouchement*, puifque dans les expériences dont je parle, les malades & les animaux n'ont pas éte touché. *L'imagination* ou *l'imitation* n'y de même plus aucune part, parce que ni l'une ni l'autre ne peuvent donner les maux qu'on n'a pas ; encore moins les indiquer à celui qui cherche à les reconnoître : les chevaux n'ont pas de *l'imagination*, ils ne parlent pas ; & dès que, par les procédés magnétiques, on agit fur eux, qu'on parvient à pénétrer pour ainſi dire dans l'intérieur de leurs corps, je ſuis fondé à dire que le *Magnétiſme exiſte*, & que l'utilité dont il peut être ſous ce ſeul point de vue, mérite l'attention la plus ſérieuſe de la part du Gouvernement, & l'examen le plus profond des gens de l'art ; car, en le négligeant, ils s'ôteroient un moyen de ſe guider dans l'art difficile de guérir.

Ces faits ne ſont pas les ſeuls : je pourrois multiplier les exemples ; mais je ne rapporterai que ceux qui portent avec eux le caractere de la conviction, indépendamment des objections des Commiſſaires.

Une femme qui nioit l'exiſtence du Magnétiſme, & qui, dans l'aſſemblée, n'étoit pas la ſeule de cette opinion, fut ſoumiſe elle-même à une expérience dont le ſuccès força les ſpectateurs à convenir de ſa réalité. On lui laiſſa la liberté de ſe retirer dans telle piece qu'elle choiſiroit d'un appartement aſſez vaſte, à l'inſu du Magnétiſeur : ainſi ſéparés, il put agir ſur elle de maniere à lui faire éprouver de la chaleur au côté droit & du froid au côté gauche ; & avant qu'elle rendît compte des fenfations qu'elle avoit dû éprouver; il les annonça aux témoins : la Dame en fit autant, fans favoir ce qu'il avoit annoncé, & la conformité fut entiere. Dans cette expérience, il n'y a point *d'attouchement*; *l'imagination* n'a pu produire cette conformité & ces réfultats. Voilà bien conftamment un effet qui a une caufe; & comment refuferoit-on d'y reconnoître *l'action magnétique?*

M. le Chevalier *de Barberin*, qui a été plus loin que M. *Mefmer*, qui a mieux connu le principe par lequel il agit, a fouvent fait des expériences qui lui ont appris que *l'action magnétique* fe faifoit fentir à une diftance trèséloignée; d'où l'on peut conclure qu'il n'y a point de bornes connues qui puiffent la circonfcrire, ni d'obftacles qu'elle ne furmonte : M. *de Barberin*, & les perfonnes qui fe font exercée d'après fes principes, ont plufieurs fois magnétifé d'une extrêmité de la ville à l'autre, même à plufieurs lieues, fans employer les moyens enfeignés par M. *Mefmer*, & ils ont conftamment annoncé les effets qu'ils avoient produits, avant de communiquer avec les perfonnes magnétifées. Ici *l'attouchement* & *l'imitation* ne peuvent être la caufe de ces effets. On dira peut-être, que c'eft *l'imagination*; mais fi les perfonnes fur lefquelles ces expériences ont été faites, étoient perfuadées que ce feroit fans fuccès qu'on les tenteroit, leur *imagination* pouvoit-elle aller au devant de l'effet ? & ne faut-il pas qu'il ait été bien fenfible pour qu'elles en foient convenues ? Si, dans d'autres circonftances on a agi fans les prévenir, & qu'au même inftant, elles aient éprouvé un état qui ait fixé leur attention, il faudra bien avouer que *l'action magnétique* exifte, puifqu'elle fe prolonge à de fi grandes diftances. Or, toutes ces expériences ont été faites & réitérées devant moi, fur moi, & par moi, avec un tel fuccès, & avec des précautions fi fûres, qu'il ne m'eft pas poffible de les révoquer en doute; je fuis donc fondé à ne pas me rendre au jugement des Commiffaires, & à foutenir que le *Magnétifme exifte*.

On avoit dit, avant M. Thouret, & avant les Commiffaires, que *l'imagination* mife en action par *les geftes & tout l'appareil magnétique* pouvoit produire tous ces grands effets qu'on a obfervés dans les divers traitemens; mais comment attribuer à *l'imagination*, les effets modérés & prefqu'infenfibles qui ont opéré des cures remarquables? Sans parler de toutes celles dont les relations ont été imprimées, je citerai quelques exemples bien connus à Lyon.

Dans cette Ville, au traitement de M. *Orelut* éleve de M. *Mefmer*, une femme de qualité qui avoit une obftruction confidérable au deffous du foie, en eft prefque guérie, au point que ce n'eft qu'avec une recherche minutieufe qu'on peut encore en retrouver les traces, & ce foulagement, elle l'a obtenu *fans éprouver fenfiblement l'action magnétique.*

A Saint-Etienne en Forez, au traitement de M. *Brafier* Médecin, autre éleve de M. *Mefmer*, une femme qui avoit depuis très-long-temps les jambes repliées fous les cuiffes, en a recouvré l'ufage ; ou du moins elles fe font étendues & rétablies dans leur pofition naturelle par les premiers effets du Magnétifme.

A Lyon, au traitement de M. *Dutreih*, Chirurgien inftruit par M. le Chev. *de Barberin*, & aujourd'hui uni avec M. *La Noix*, Pharmacien diftingué & éleve de M. *Mefmer*, Madame Guy, femme d'un Horloger, paralytique depuis huit ans de tout le côté gauche, a été mife en état de marcher au bout de huit jours. Une fille domeftique, attaquée d'une hydropifie de matrice, dont le ventre avoit autant de volume que celui d'une femme enceinte dans les derniers mois de la groffeffe, a eu au huitieme jour du traitement, des évacuations confidérables qui ont rétabli le ventre à-peu-près dans fon état naturel ; évacuations qui continuent & conduifent à la guérifon totale.

Une femme *hémi-plégique*, ayant auffi perdu l'ufage de la parole à la fuite d'une attaque d'apoplexie, après fix femaines de traitement n'a plus que la jambe un peu portée en dehors.

Enfin une jeune fille, attaquée d'un rhumatifme qui lui a ôté l'ufage des jambes, fe leve de deffus fa chaife par *l'action magnétique* la plus modérée , & se tient debout , ce qu'elle ne peut faire encore dans tout autre moment.

Dira-t-on que ces effets sont dus à *l'imagination* ? Si cela est , il faut convenir que c'est une découverte bien heureuse , que d'avoir trouvé le moyen d'exalter l'imagination au point de faire marcher des paralytiques, de procurer des évacuations aussi difficiles , de parvenir enfin en si peu de temps à la résolution d'obstructions invétérées. Mais on ne persuadera jamais à ceux qui jugent sans prévention , qu'en promenant sa main devant une personne , on puisse exciter tellement son *imagination* , sans autre agent intermédiaire , pour qu'il en résulte des effets aussi marqués : on croira plutôt que cette direction a porté une action forte & salutaire sur les parties affectées, & non que *l'imagination* a seule produit tous ces effets. Si un mal de gorge très-violent, une esquinancie , se résolvent sous *l'action magnétique* ; si une entorse se guérit par le même procédé ; si on arrête promptement un saignement de nez considérable ; si lors d'une contusion forte à quelque partie du corps , on évite, par le *Magnétisme* , l'ecchymose qui en est la suite ; si dans des cas de hernies on a procuré le replacement du viscere ; si tout cela s'est opéré sans *attouchement* , pourra-t-on attribuer ces effets à l'*irritabilité* ; mais dans cette supposition , les crises devroient devenir de plus en plus fortes ; elles devroient naître d'elles mêmes, se multiplier

& s'accroître dans chaque individu : or, il eſt conſ-
tant dans tous les traitemens magnétiques, que
bien loin de s'accoutumer aux criſes, les malades qui en ſont ſuſceptibles, les éprouvent plus
fortes dès le commencement, & qu'elles vont
toujours en diminuant de force & d'intenſité,
juſqu'à diſparoître tout-à-fait, à proportion des
progrès de la guériſon.

Dira-t-on que ces guériſons, ou effets extraordinaires, ſont arrivés naturellement, & ſeroient
arrivés de même ſans le concours d'aucun *Magnétiſme* : mais alors, qui pourra ſe perſuader que
ces prodiges de *la Nature* ou de *l'imagination*,
toujours ſi rares par-tout ailleurs, ſe ſoient réunis
ou multipliés ſi conſidérablement, par le ſeul
effet du hazard, autour des baquets, ſous la
main des *Magnétiſeurs*, & à l'inſtant même où
ils devoient arriver.

Si c'eſt *l'imagination* exaltée, dit-on, par les
appareils, on peut répondre qu'il eſt des traitemens magnétiques ſans appareil, que dans
tous on peut remarquer entre les malades qui
fréquentent les baquets cette cordialité, cette
gaieté, ſi oppoſée aux criſes, qui fait le charme
des lieux les plus célébrés par leurs eaux miné-
rales; & qu'ordinairement on y voit des malades
paſſer immédiatement de la gaieté & de l'in-
ſouciance, aux criſes que le Magnétiſme leur
procure.

Si c'eſt donc *l'imagination* exaltée ou *l'imitation*,

*tion* , pourquoi ne voit-on pas les crifes fe multiplier auffi à nos fpectacles tragiques , aux théa-
tres & dans les places publiques ? pourquoi les
mêmes fujets, fi prompts aux crifes , en préfence
des prétendus appareils magnétiques , peuvent-
ils voir & entendre ailleurs , fans tomber de
même en crife , les fcenes les plus capables de
les faire naître. Il feroit fans doute difficile à
MM. les Commiffaires d'en rendre raifon dans
leurs principes , d'une maniére fatisfaifante.

Cependant il eft vrai , jufqu'à un certain point ,
que l'*imagination* participe aux crifes *magnétiques* ;
il n'eft aucun *Magnétifeur* inftruit qui n'ait été
dans le cas de l'obferver dans les traitemens ;
mais il n'en eft aucun auffi qui ne fache que cet
état extraordinaire de l'imagination y eft le plus
fouvent produit par le *Magnétifme* même , dont
l'action & la puiffance fur le genre nerveux fe manifeftent fi fenfiblement , même avant que fes
effets aient atteint l'*imagination* ; en forte que des
perfonnes très-fufceptibles peuvent quelquefois ,
par la réfiftance qu'elles y apportent volontairement , donner un caractere différent aux réfultats de cette action.

Ceux qui cherchent la vérité de bonne foi
doivent multiplier les expériences , & fur-tout
celles où l'*imagination* ne peut être mife en jeu ,
ni par le *Magnétifé* , ni par le *Magnétifeur*. J'ai
vu avec plaifir fuivre cette marche à Lyon par
un grand nombre de ceux qui fe font livrés

B

à l'étude du Magnétifme ; ils étoient convaincus , & cependant ils agiſſoient comme s'ils
euſſent douté.

Pluſieurs fois on a fait l'expérience ſuivante :
une perſonne très-ſuſceptible a été laiſſée avec
d'autres perſonnes prévenues, qui cherchoient à
la diſtraire ; pendant ce temps, on la magnéti-
ſoit, à ſon inſu , de la chambre voiſine , & l'effet
étoit auſſi prompt & preſqu'auſſi ſenſible que ſi
l'on eût été auprès d'elle ; la ſeule différence qu'on
y ait remarquée, c'eſt que ne ſachant pas qu'on
opérât ſur elle, elle ſe contraignoit dans le commencement de l'action, prenant pour un mal-aiſe
naturel ce qu'elle reſſentoit , & elle ne ceſſoit de
ſe contraindre, que lorſque l'action, portée avec
force , ne lui laiſſoit plus la liberté de ſe diſſi-
muler qu'elle étoit magnétiſée. Une ſeule expérience n'auroit pas été déciſive, on les a mul-
tipliées ; on a conſtamment réuſſi à produire
des effets, plus ou moins marqués, ſelon le degré
de ſenſibilité de la perſonne magnétiſée ; ſouvent,
en s'y prenant ainſi, on a donné même des criſes ;
quelquefois néanmoins celles qui prenoient des
criſes, étant magnétiſées en préſence, n'ont éprouvé que des effets ſenſibles ſans entrer en criſe ,
étant magnétiſées à diſtance & lorſqu'elles l'igno-
roient. D'où il faut conclure que très-indépen-
damment de *l'attouchement*, *de l'imagination* & *de*
*l'imitation*, on peut produire des effets ſenſibles
qui atteſtent évidemment l'exiſtence d'une *action*

*quelconque* intermédiaire. Quels qu'en foient la nature & le moyen, elle exifte, & c'eft affez : continuons à l'appeller *Magnétifme animal*; le nom eft indifférent, pourvu que la chofe foit.

Comme je me fuis propofé d'être vrai, j'avouerai fans peine & j'en fuis convaincu, que dans les traitemens magnétiques, il y a par fois des *crifes* qui font en partie le fruit de *l'imagination* ou de *l'imitation*, qui ne font point demandées par la Nature, ni néceffitées par le Magnétifme, & qui par conféquent peuvent devenir nuifibles. Si M. *Mefmer* n'eût pas pofé pour bafe de fa doctrine dans l'application du Magnétifme, que les crifes étoient indifpenfables pour opérer la guérifon, peut-être y en auroit-il eu moins. Il a donné trop d'étendue à ce mot, *tout eft crife dans les maladies*; car il n'eft pas toujours utile de les pouffer à un période auffi fort. M. *Mefmer* eft donc tombé dans l'excès oppofé à celui de M. *Thouret* & des Commiffaires : ceux-ci attribuent tout à *l'imagination*; M. *Mefmer* ne la compte pour rien : quant à moi, les obfervations que j'ai faites, me portent à penfer & à dire que *l'imagination*, lorfqu'elle eft ou non provoquée par *l'action magnétique*, ajoute aux effets & peut les modifier dans tous les fens; & quand même, dans certains cas, elle *annulleroit cette action*, je n'en refterois pas moins convaincu de fon exiftence. Ceci femblera à plufieurs un paradoxe; mais je trouverai des hommes inftruits qui me comprendront , & qui pourront fe démontrer facilement , pourquoi quelques expériences faites par les Commiffaires n'ont pas été couronnées du fuccès.

En convenant avec les Commiffaires , que *l'imagination* peut & doit même contribuer quelquefois à ces grandes crifes & à la diverfité des fymptomes , je ne leur ai pas donné le droit d'en tirer cette conféquence que *l'imagination faffe tout , & que le Magnétifme foit nul.* J'ai trop bien démontré par une fuite d'expériences que *l'action magnétique , dépouillée de toute illufion , ou réfultat de l'imagination* , procure des effets affez évidens , pour qu'on ne puiffe tirer le moindre avantage des aveux que mon impartialité m'a dictés.

Avant le rapport des Commiffaires , j'ai eu occafion , dans un Ecrit communiqué à plufieurs Magnétifeurs exercés , de dire mon opinion fur les crifes magnétiques , & je les claffois ainfi :

1°. *Crifes* qui exiftent chez le malade avant d'être foumis au traitement , & *crifes* qui fe manifeftent dès la premiere fois qu'on agit *magnétiquement* fur lui , quoiqu'il ne fût point auparavant fujet aux crifes. Celles-là font dans la nature ; *l'action magnétique* les feconde ou les procure , en leur donnant le caractere qui leur eft propre. *Crifes néceffaires & falutaires.*

2°. *Crifes* qui furviennent à des perfonnes

dont le genre nerveux eſt très-ſuſceptible, leſquelles, témoins des criſes qu'on leur dira être bienfai-
ſantes à ceux qui les éprouvent, penſent qu'elles
peuvent leur être également favorables ; qui dès
lors les deſirent, exaltent leur *imagination*, en
ſorte qu'en cet état, les nerfs étant mis en
action par le Magnétiſme, la criſe ne tarde pas
à paroître. *Criſes par conſéquent contraires au
vœu de la nature, enfans de l'imagination &
de l'imitation ſous l'action magnétique.*

3°. *Criſes* qui affectent des ſujets doués également de ſenſibilité & d'irritabilité, que le ſpec-
tacle d'une criſe extraordinaire aura effrayés; alors
la crainte, jointe ou non à l'action magnétique,
produira en eux l'état de criſe, & ce ſera encore
*l'imagination* frappée qu'il faudra en accuſer.
Auſſi ſouvent que la même impreſſion ſe préſentera, on verra la diſpoſition à la criſe ſe ma-
nifeſter. *Criſes forcées, provenant d'une ſenſation
pénible; criſes nuiſibles.*

4°. *Criſes* enfin qui ſe manifeſteront chez des
perſonnes très-ſuſceptibles, leſquelles auront un
intérêt vif à ſe conſerver dans cet état : alors,
pour peu que leur conſtitution phyſique ſeconde
leur deſir, le Magnétiſme aidera à les provoquer. *Criſes inutiles & dangereuſes.*

Mais ſi *l'imagination* exaltée, & provoquée par
le réſultat du Magnétiſme, peut produire de tels
effets, on conviendra auſſi qu'il peut la tempérer ; car c'eſt un axiome vrai que *qui peut le plus,*

*peut le moins* ; l'exemple en eſt ſous nos yeux.
Lyon fourmille de traitemens *Magnétiques*, &
dans tous, il y a des criſes; celui de MM. *Dutreih*
& *La Noix*, où ſont réunis les principes & la
pratique de M. *Meſmer* à ceux de M. *de Bar-*
*berin*, étoit le ſeul où il n'y en eût pas ;
on n'y a jamais vu, & on n'y voit point encore
de chambre pour les criſes, parce qu'on y a toujours
cherché à les éviter, & parce que l'homme inſtruit
peut les tempérer juſqu'à un certain point; il en
ſurvint une cependant, enſuite pluſieurs ; un
événement étranger au Magnétiſme, & particulier à une malade guérie, l'ayant ramenée au
traitement, y multiplia promptement les criſes :
on les étudia, on en obſerva le caractere, & dès
le lendemain on les fit ceſſer, pour en réduire les
effets à ce qui étoit vraiment avantageux aux malades. Au traitement de M. *Orelut*, Eleve de
M. *Meſmer*, ſi on ne les a pas fait ceſſer entiére-
ment, c'eſt que la nature des maux les exige ;
mais elles y ſont aujourd'hui tempérées. Ainſi
dans un traitement public, dirigé par des hommes
éclairés, incapables de ſe laiſſer ſéduire par des
effets qu'ils ne cherchent point à obtenir, qui tem-
péreront ſagement *l'imagination* de leurs malades,
ainſi que l'action magnétique, on ne ſecondera
que les criſes naturelles, & l'on éloignera celles
qui proviennent ou de la crainte, ou d'une *ima-*
*gination trop actionnée*, ou de toute autre cauſe
étrangere à l'état réel & habituel du malade.

La meilleure maniere de convaincre , c'eſt de prouver la vérité d'une propoſition par des faits & par des expériences dirigées avec toutes les précautions que peut exiger l'homme défiant, qui ne veut pas être trompé , & qui cherche de bonne foi à s'éclairer. Celles des Commiſſaires ont , il eſt vrai , ce caractere ; mais , ou M. *Deſlon* leur a caché les vrais principes du Magnétiſme , ou M. *Deſlon* les ignoroit. La maniere dont ils ont procédé le prouve ; car je ſuis convaincu que ſi les vrais principes leur euſſent été développés , ils auroient pris d'autres précautions , & auroient tiré d'autres conſéquences ; le défaut même de ſuccès , dans certains cas , eût alors été pour eux la confirmation du principe, bien loin de leur offrir les conſéquences qu'ils en ont tirées.

D'ailleurs les Commiſſaires ont cherché à reconnoître *l'exiſtence d'un fluide qui ne peut être apperçu par aucun de nos ſens* ; & cette queſtion , ils l'ont peut-être trop examinée en Phyſiciens. Le défaut de notre eſprit eſt de vouloir tout comprendre , tout ſonder : ſa hardieſſe le porte à douter de tout ce qu'il ne peut concevoir , & ce doute mene par un chemin bien court à l'incrédulité. On doit pourtant leur rendre cette juſtice , de s'être élevés quelquefois au deſſus des regles purement phyſiques , comme ils l'ont fait très-judicieuſement , page 17. Ecoutons-les eux-mêmes : " Il y a , diſent-ils, tant de rapports

» quel qu'en foit le moyen, entre *la volonté de*
» *l'ame & les mouvemens du corps*, qu'on ne
» fauroit dire jufqu'où peut aller l'influence de
» l'attention, *qui ne femble qu'une fuite de vo-*
» *lontés dirigées conftamment & fans interruption*
» *vers le même objet.* Quand on confidere que
» la volonté remue le bras, comme il lui plaît,
» doit-on être fûr que l'attention, arrêtée fur
» quelque partie intérieure du corps, ne puiffe
» y exciter de légers mouvemens, y porter de
» la chaleur, & en modifier l'état actuel, de
» maniere à y produire de nouvelles fenfations »?
Or, quoique MM. les Commiffaires, tous Phy-
ficiens diftingués, reconnoiffent ici hautement
l'infuffifance des principes phyfiques pour expliquer cette puiffance de la volonté & de l'attention, ils ne la nient point cependant; ils
croient ce qu'ils ne voient pas, ce qu'ils ne
peuvent voir; les effets fuffifent pour les convaincre, quoique les moyens leur foient abfolu-
ment inconnus. Or, s'il étoit queftion d'examiner
ce que c'eft que *l'action Magnétique*, peut-être
trouveroit-on auffi que ce n'eft pas un fluide tel
qu'ils puiffent le concevoir phyfiquement.

Avant de définir une chofe, il faut s'affurer
de fon exiftence; en vain M. *Mefmer*, a-t-il prouvé
par des faits qu'il exifte une *action*, laquelle,
bien ou mal, il appelle *Magnétifme*; ces faits,
s'il faut en croire les Commiffaires, font dus à
*l'attouchement*, *à l'imagination*, *à l'imitation*;

telles font, fuivant eux, les feules caufes des effets attribués à cette action prétendue ; *le fluide Magnétique n'exifte pas & les moyens employés pour le mettre en activité font dangereux.* J'avoue que je ne comprends ni en phyfique, ni en morale, comment ce qui eft fans exiftence peut produire un effet, & un effet dangereux ; car il eft bien avéré que s'il n'y a point ici d'agent intermédiaire, les moyens employés dans les traitemens, & généralement connus, font trop innocens, pour qu'il en puiffe réfulter aucun effet nuifible : mais je laiffe à MM. les Commiffaires le foin de développer leur affertion trop abftraite & vraiment inconcevable, & je vais m'occuper de quelque chofe de plus effentiel.

Le Gouvernement a fans doute l'intention de prendre un parti relativement au *Magné-tifme*, puifque Sa Majefté s'eft rendue aux follicitations des Médecins de la Faculté de Paris, & qu'Elle a nommé quatre d'entr'eux pour lui rendre compte de cette découverte. Or, fi l'on regarde la queftion comme fuffifamment examinée par ces Commiffaires, on devra prohiber tous les traitemens publics, & les Médecins pourront folliciter encore l'Autorité Royale de profcrire authentiquement un *remede*, *nul en lui-même*, & pourtant fi dangereux que *les générations futures doivent en éprouver les funeftes effets.*

Si le *Magnétifme* n'étoit, comme ci-devant, connu que de M. *Mefmer*, la prohibition feroit

poffible ; mais aujourd'hui que la moitié du
Royaume magnétife l'autre , que les procédés
en font en quelque forte généralement connus,
quoique le principe ne le foit pas , il n'eft point
de loi , quelque févere qu'on la fuppofe , qui
puiffe empêcher la pratique du *Magnétifme* de
fe répandre. En prohibant les traitemens publics ,
fur les motifs énoncés par les Commiffaires dans
leur rapport , on ne fera que multiplier les abus
& les inconvéniens ; car chacun fe mêlera de *magnétifer* en particulier : or , l'on peut furveiller
les traitemens publics , affujettir les Médecins
*Magnétifeurs* à tenir des regiftres exacts , & en
cas d'événemens funeftes , vérifier fi l'on doit
les imputer ou non , aux procédés *magnétiques* ;
mais, lorfqu'on magnétifera privément, fera-t-il
poffible de pénétrer dans l'intérieur des famil-
les qui y mettront leur confiance , pour punir les
individus d'avoir cherché un foulagement à leurs
maux ? pourra-t-on condamner celui qui , de
bonne foi , aura exercé envers eux cet acte de
bienfaifance ? & quoi qu'il arrive , pourra-t-on
juridiquement convaincre celui qui aura man-
qué à la loi , car *l'action magnétique* ne laiffe
aucunes traces qui puiffe la faire reconnoître ?

Si le Gouvernement fe déterminoit donc à
profcrire les traitemens publics , on verroit avant
peu les Médecins obfervateurs, faifir les expreffions
mêmes du rapport , pour s'autorifer à *magnétifer privément* , & attaquer enfuite l'opinion des

Commiffaires fur l'exiftence du Magnétifme, auquel les Médecins ne font contraires aujourd'hui que parce qu'ils en ignorent encore le principe & les procédés , & parce qu'une prudence , très-louable fans doute , les a empêchés de donner à cette nouvelle & importante découverte , toute l'attention qu'elle méritoit.

Le Magnétifme eft à préfent fi généralement répandu , les chofes en font à un tel point , que le Gouvernement y regardera fans doute de très-près , avant de rien ftatuer. Mais en fuppofant qu'il autorife ou tolere les traite-mens , la prudence & l'ordre exige qu'ils foient exactement furveillés , parce qu'ils fe multiplieroient à l'infini , & qu'il ne peut rien exifter de bon qui , dans de mauvaifes mains, n'engendre des abus. Les précautions à prendre feroient fimples ; ne permettre qu'aux feuls gens de l'art d'avoir des traitemens publics ; les rendre perfonnellement refponfables des faits de leurs coopérateurs dans leurs traitemens; les obliger à tenir un regiftre exact de tous les malades , qui conftateroit leur état, lors de leur entrée , & les progrès en bien ou en mal que le Magnétifme auroit procurés; enfin , enjoindre aux Juges Royaux de furveiller tous ces établiffe-mens.

On ne peut fe diffimuler la néceffité de ces précautions ou d'autres équivalentes ; on l'a fi bien fenti à Lyon , que les deux traitemens qui y ont vraiment une exiſtence méritée ; celui de M. *Orelut*, & celui de MM. *Dutreih & La Noix*, ſe ſont donnés eux-mêmes des ſurveillans faits pour tranquilliſer le Public. Tous deux ſont compoſés de perſonnes qui ont un nom dans les Sciences, ou un rang diſtingué dans la Société : mais on a fait plus ; dans le premier, on a appellé M. le Lieutenant général de Police ; & dans le ſecond, on a admis les Magiſtrats chargés du Miniſtere public, à qui l'inſpection des objets relatifs à la Médecine appartient immédiatement. MM. *La Noix & Dutreih*, ont pris une précaution non moins ſage ; ils ont appellé deux Médecins du premier mérite, qui ſans autre intérêt, ſans autre objet que celui de s'aſſurer de l'exiſtence du Magnétiſme & d'en conſtater les effets, afin de pouvoir un jour décider des cas où il peut être utile de l'employer, ſe ſont empreſſés de s'y rendre, & obſervent journellement ce qui s'y paſſe. Ils inſpectent en effet ce traitement, quant à l'art médical ; aucun malade n'y eſt admis qu'après leur conſultation, & ne continue le traitement que de leur avis. M. *Orelut* & les Eleves de M. *Meſmer* ſes coopérateurs, ont également appellé des Chirurgiens diſtingués ; c'eſt ſans doute pour le même objet, & afin de s'aider de leurs lumieres qu'ils les ont réunis.

Si le bon ordre s'établiſſoit par-tout de même, le Gouvernement pourroit être tranquille; mais combien n'exiftera-t-il pas de traitemens dont la cupidité fera le feul objet, dont on fera en quelque forte des fpectacles publics, afin de multiplier à prix d'argent, le nombre des initiés, lefquels jaloux de produire à leur tour des effets extraordinaires, paieront, dans l'efpoir de pouvoir faire enfuite des expériences, peut-être aux dépens de la fanté de ceux qui viendront la chercher entre leurs mains ; c'eft-là que les crifes feront excitées & jamais tempérées, & que peut-être on en verra de factices ; c'eft-là qu'elles pourront devenir contagieufes, que l'envie de jouer un rôle échauffera les *imaginations* , & que *l'efprit d'imitation* joint à l'action magnétique, dirigée fans mefure, pourra les multiplier à l'infini, quoique contraires à l'état du malade.

Mais parce qu'il peut exifter, & qu'il exifte peut-être déja de pareils abus, faut-il tenter d'étouffer une découverte fublime, & anéantir des traitemens qui peuvent devenir infiniment utiles à l'humanité ? non, fans doute ; il fuffit de remédier aux abus, & quand on le voudra, rien ne fera plus facile. Il exifte des poifons utiles en médecine ; mais des Réglemens fages & efficaces en limitent la diftribution aux perfonnes prépofées à leur emploi. D'ailleurs, je l'ai dit plus haut, fi le Magnétifme eft fufceptible d'abus, c'eft moins aux baquets, dans les traitemens publics, que dans la pratique privée & domeftique. Mais c'eft ici que la Loi deviendroit inutile ; parce que les contraventions échapperoient néceffairement à la vigilance des perfonnes chargées de fon exécution.

Quoique cette digreffion ne foit pas étrangere au fujet que je traite, ce n'eft pas cependant l'objet principal que je me fuis propofé, & j'y reviens : Je n'ai pas eu le deffein affurément de critiquer le rapport des Commiffaires : pour n'être pas de leur avis, ai-je dû me livrer à des déclamations, ou à des inculpations qui ne perfuadent jamais le Public impartial ? D'ailleurs ce Rapport ne pouvoit être que ce qu'il eft, par la maniere dont les Commiffaires ont procédé ; & d'après l'expofé qu'on paroît avoir mis fous leurs yeux, ils n'ont pu procéder autrement ? Néanmoins, tel qu'il eft, cet Ecrit fera toujours fort utile au Public & à tous les *Magnétifeurs éclairés* ; ceux-ci feront bien de le donner fouvent à lire à leurs malades, afin de leur démontrer les erreurs de l'imagination ; par-là ils éviteront des crifes inutiles & nuifibles, & fe borneront aux feuls effets bienfaifans qu'on doit chercher à produire.

J'ai répondu autant qu'il eft en moi, & ainfi que je le devois, aux Commiffaires, en prouvant que l'action dénommée par M. Mefmer, *Magnétifme animal*, exifte indépendamment de *l'attouchement, de l'imagination & de l'imitation.* J'ai cité des expériences faites fous mes yeux, où *l'attouchement* n'a pas été employé, où *l'imagination* n'étoit point mife en action, &

où *l'imitation* n'avoit point de modele; mais ces expériences n'ont pas été faites par Ordre, ni conftatées publiquement, & c'eft un anonyme qui les annonce; auffi je ne prétends pas qu'on s'en rapporte à mon affertion. La queftion eft trop importante pour être décidée auffi légérement, & voici comme il me femble qu'on devroit actuellement procéder.

Charger les mêmes Commiffaires, fi l'on veut, & leur en réunir d'autres, pour être témoins des nouvelles Expériences qu'il conviendroit de faire d'abord *afin de conftater l'exiftence du Magnétifme animal*; propofer comme prix académique celles que je vais énoncer, en exigeant toutes les conditions dont je les accompagnerai. Mais indépendamment des précautions que j'indiquerai pour affurer le fuccès de chaque expérience en particulier, j'obferverai que MM. les Commiffaires n'ont pas dû regarder comme concluantes, celles, où par l'application d'un bandeau fur les yeux, ils ont pu à leur tour, mettre vivement en jeu l'imagination des fujets, en les privant de celui de leur fens qui eft le plus actif, & en les trompant par un autre. Il feroit donc à defirer que pareilles expériences fuffent faites fur des aveugles-nés & fur des fourds de naiffance, lefquels n'auroient aucune notion foit du Magnétifme, foit des geftes magnétiques, foit des effets qu'on leur attribue. Les Expériences

faites fur de pareils fujets, fans attouchement ;
ne pourroient être fufpectes des effets de *l'ir-*
*ritation manuelle*, ou de *l'imagination* ou de
*l'imitation*.

M. Thouret, & après lui les Commiffaires,
ont prétendu que les attouchemens des Magnétifeurs étoient feuls capables de produire des
irritations, des mouvemens convulfifs & même
des crifes ; mais on pourroit leur objecter qu'en
pareils cas & pour reconnoître les maladies
locales & internes, les Médecins font en ufage
d'y procéder auffi par des attouchemens plus foute-
nus encore que ceux qui fe pratiquent aux traitemens magnétiques, & que cependant, il eft fans
exemple qu'en palpant ainfi les fujets les plus
irritables, ils aient fait naître ni convulfions,
ni crifes. Néanmoins, & pour éviter toute objec-
tion à cet égard, quelque futile qu'elle puiffe
être, j'interdirai l'attouchement dans les expériences que je vais propofer.

I. EXPÉRIENCE. *Reconnoître par le fecours*
*feul de l'ACTION MAGNÉTIQUE, l'état de fanté*
*& de maladie des hommes, & indiquer le fiege des*
*maux dont ils font affectés.* Pour s'affurer que le
*Magnétifme* feroit ici le véritable indicateur, il
faudroit 1°. exiger que le Magnétifeur n'ufât
d'aucun attouchement; 2°. lui préfenter fucceffivement des perfonnes faines, & des perfonnes
malades dont on auroit conftaté l'état auparavant,

à

à fon infu. 3°. Afin que l'œil ne pût l'aider, car il y a peut-être des Praticiens exercés, qui par une fuite d'obfervations reconnoiffent à la vue certains maux, on revêtira les perfonnes d'un habit ou pantalon d'une feule piece, avec un mafque fur le vifage ; on fe bornera à prévenir le *Magnétifeur* fur le fexe du fujet qu'on lui préfente. Parmi les perfonnes du fexe, il faudroit lui préfenter une femme enceinte & une femme attaquée d'hydropifie qu'il feroit tenu de diftinguer. Il devra par les mêmes procédés reconnoître la *cécité*, *la furdité & le mutifme*, fi dans le nombre des perfonnes foumifes à fon examen, il s'en trouve qui en foient attaquées. 4°. On impofera au Magnétifeur & aux perfonnes magnétifées un filence abfolu.

On pourra multiplier ces expériences à l'infini, & porter l'obfervation fur tous les genres de maladies. Le Magnétifeur rédigeroit fes obfervations par écrit, les cacheteroit, & ce ne feroit qu'après les obfervations faites fur le même fujet par le fecours de la médecine ordinaire, qu'on compareroit fon indication magnétique.

II. EXPÉRIENCE, *ayant également pour objet de reconnoître le fiege des maux*. Avec les précautions ci-deffus indiquées, on exigera de plus ici, que le Magnétifeur n'emploie aucun des geftes magnétiques, & qu'il fe borne à fe mettre en préfence de la perfonne, avec la liberté ce-

C

pendant de prendre fes mains & de placer fes
pieds contre fes pieds, fans autre attouchement.
Sous cette forme, il feroit difficile d'exiger de
lui des détails auffi juftes, & qu'il pût indiquer, par exemple, la privation de *la vue* & de
*l'ouie*, ainfi que le *mutifme*; pareillement, l'obfervation ne paroît pas devoir fe faire avec fuccès,
fi l'on foumet une femme à cette expérience. On
devra donc fe contenter d'une indication générale
des maux internes, & borner l'épreuve à des
hommes.

III. EXPÉRIENCE. *Il doit être poffible de*
*reconnoître le fiege des maladies, hors de la pré-*
*fence du malade.* Cette expérience plus curieufe
qu'utile, tend à prouver de plus en plus qu'il exifte
un moyen dans la Nature, & que ce moyen eft
celui qui a été nommé *Magnétifme animal.* On devroit donc la propofer; mais ce ne peut plus être
aux mêmes conditions. Ici les fujets, de quelque
fexe qu'ils foient, ne doivent point être mafqués; on
fe contentera de choifir ceux dont l'extérieur n'indique point leur état. Les perfonnes qui devront être
magnétifées feront amenées fucceffivement devant
le Magnétifeur qui aura la liberté de caufer
avec elles fur des chofes indifférentes; mais il
lui fera interdit de les toucher. Il fe retirera
enfuite dans une chambre féparée de celle où fera
le fujet malade, où il aura la liberté d'opérer
feul, comme il le jugera à propos. D'après

quelques notions & des exemples, on eſt porté
à croire que cette expérience feroit encore cou-
ronnée du fuccès.

IV. EXPÉRIENCE. *Vérifier fur des animaux,*
*que le Magnétifme indique d'une maniere certaine*
*le fiege & la nature des maladies.* On foumettra
des animaux fains & malades à l'*action magnéti-*
*que,* après s'être affuré que le *Magnétifeur* n'a pu
être inſtruit de leur état avant l'expérience ; on
pourra même fur ceux qui font fains, tels que
le Bœuf & le Cheval , leur donner des maladies
factices ; en introduifant dans l'intérieur de leurs
corps, des corps étrangers. On exigera pareillement qu'il n'y ait point *d'attouchement* de la
part du *Magnétifeur*, & que fon rapport foit écrit
& cacheté, fans avoir été communiqué à aucun
des Affiſtans ; enfuite on procédera à l'ouverture
& à l'examen le plus fcrupuleux de toutes les
parties de l'animal : ces opérations faites, on comparera les rapports. On ne fauroit trop répéter
cette expérience, parce qu'elle eſt plus sûre &
plus décifive que celles qu'on peut faire fur des
hommes, & qu'on n'y peut foupçonner ni *ima-*
*gination*, ni *imitation*, ni *confidence*.

V. EXPÉRIENCE. *Vérifier fur des hommes,*
*qu'on a en effet découvert le fiege de leurs mala-*
*dies.* Les hôpitaux faciliteront cette expérience.
En prenant toutes les précautions poffibles pour

éviter les fupercheries , on y conftateroit *magnéti-*
*quement* l'état de plufieurs malades ; le rapport
en refteroit clos & cacheté ; le cas de mort arri-
vant, on procéderoit à l'ouverture & à la véri-
fication chirurgicale des cadavres , pour le
rapport en être enfuite comparé avec l'indication magnétique.

Ces premieres expériences , *dépouillées des illu-*
*fions de l'imagination* , où *l'imitation* ne feroit
pour rien, où *l'attouchement* ne feroit point
employé , fuffiroient fans doute pour convaincre , non feulement l'univers entier , mais encore
les Commiffaires , de l'exiftence de ce qu'on
appelle le *Magnétifme animal.*

Il eft poffible qu'on n'obtienne que peu ou
point d'effets fenfibles à la vue des fpectateurs ;
ni même d'affez marqués pour que le malade
puiffe s'en appercevoir & en convenir ; mais cette
obfervation même démontreroit qu'il eft telles
perfonnes qui n'éprouvent pas fenfiblement l'action magnétique , fans pour cela que le *Magné-*
*tifme* en agiffe moins fur elles : il en eft nombre
d'exemples ; mais j'en puis citer un digne de re-
marque pour ceux qui attribuent tous les effets
*à l'attouchement, à l'imagination, & à l'imitation.*

Certainement celui qui magnétife doit plus
que tout autre agir fur lui-même par le pouvoir
de fon imagination : or je connois quelqu'un qui
magnétife avec le plus grand fuccès , & qui produit fur les autres les effets les plus marqués , le-

quel magnétifé lui-même eft infenfible , & cependant les maux paffagers qui lui furviennent ,
font diffipés promptement , fans que l'action
magnétique fe foit fait fentir. J'ai vu plufieurs
perfonnes de l'un & de l'autre fexe, très-fenfibles
au Magnétifme , & le manifeftant par des mouvemens convulfifs plus ou moins forts, s'en défendre quelquefois , foit par une contraction forte &
volontaire dans tous leurs mufcles , foit en y op-
pofant elles - mêmes leur *action magnétique* , cé-
der enfin , lorfque fatiguées de cette contrainte,
elles fe laiffoient aller à leur état naturel ; &
convenir cependant qu'elles avoient conftamment reffenti l'*action magnétique* , malgré les obftacles qu'elles y avoient apportés. Cette obfervation démontre qu'il eft telles perfonnes moins
fenfibles , qui peuvent rendre volontairement l'action magnétique nulle fur elles-mêmes , & que
du défaut de fuccès dans certains cas , il ne
faut pas en conclure la non-exiftence du Magnétifme. Je le répete ; celui qui en connoît
bien le principe & qui a des idées juftes , ne
s'étonne point de ces variétés , & peut expliquer ce que la multitude & même les Savans
ne peuvent comprendre , parce qu'enfin ceux-ci
n'ont qu'une mefure pour juger les objets foumis
à leur examen , & que cette mefure eft fouvent
fauffe.

Nous venons d'indiquer des expériences où
nous n'avons pas mis pour condition que l'action

magnétique feroit éprouvée d'une maniere fenfible, ni qu'elle feroit manifeftée extérieurement: propofons-en d'autres où il fera exigé que le Magnétifme foit reconnu fenfiblement.

VI. EXPÉRIENCE. *Agir magnétiquement d'une maniere fenfible fur un fujet, ou fur plufieurs.* Comme, dans l'état de la queftion, il ne faut préfenter, depuis le rapport des Commiffaires, que des effets indépendans de *l'attouchement, de l'imagination & de l'imitation,* on devra fe contenter ici de tout effet fenfible au fujet magnétifé, fans exiger qu'on lui procure ces grandes crifes, fouvent inutiles, mais qui peuvent être *dangereufes,* lorfque quelque caufe étrangere vient dénaturer l'action douce & bienfaifante du *Magnétifme,* qui par lui-même ne fait que feconder la Nature. On fera donc choix de différens fujets affectés de ces maux qui fe font fentir douloureufement; on prendra également des perfonnes dont le genre nerveux foit irritable, des femmes fur-tout ayant des maladies de matrice, des paralytiques, des perfonnes affectées de douleurs rhumatifmales. Pour la fûreté de l'expérience, il faudroit qu'aucune d'elles n'eût jamais été foumife à l'action magnétique; mais qu'on pût juger d'avance par leur état, que fi par un moyen quelconque, on peut porter en elles une action fur le genre nerveux, il doit en réfulter un effet fenfible.

Chacune d'elles fera préfentée au Magnétifeur, qui agira à volonté par les geftes &
procédés magnétiques, fans *attouchement* autre
que celui de la prendre par les pouces &
d'approcher fes pieds des fiens, & fans faire
ufage de la baguette ou autre conducteur. Néceffairement, il en doit réfulter des effets fenfibles ; & s'il ne réuffit pas également fur tous les
fujets, le Magnétifeur exercé & inftruit, doit être
en état d'expliquer d'une maniere fatisfaifante les
caufes qui y auront mis obftacle.

VII. EXPÉRIENCE. *Agir magnétiquement,*
*d'une maniere fenfible, fur une perfonne fufceptible,*
*hors de fa préfence, foit après l'avoir prévenue,*
*foit à fon infu.* L'action magnétique étant généralement douce, & feulement propre à feconder
la nature, les effets qu'on obtient par elle, peuvent quelquefois être méconnus, fi le fujet qu'on
magnétife, eft trop diftrait. Ainfi, il n'eft pas
vrai dans tous les cas, comme l'ont penfé les
Commiffaires, *que le Magnétifme qui eft une*
*caufe réelle, foit affez puiffant pour forcer l'at-*
*tention & fe faire appercevoir d'un efprit diftrait*
*même à deffein.* Il conviendroit donc de difpofer
un appartement, de maniere que la perfonne
qu'on veut magnétifer, pût fans le favoir être
vue par le Magnétifeur & auffi par les Commiffaires ; qu'elle fût feule, ou du moins avec des
perfonnes qui ne l'occuperoient pas trop vivement.

Ces précautions font néceffaires au fuccès de l'expérience; car fi, de part & d'autre, on n'agit pas de bonne foi, on pourra empêcher l'effet lorfqu'il doit être produit, ou le produire lorfqu'il ne doit point y en avoir; le premier cas arrive, fi deux Magnétifeurs agiffent en fens contraire, parce qu'alors la perfonne magnétifée fe trouvant entre deux actions qui fe balancent, l'état naturel ne doit pas changer; le fecond cas a lieu, fi le fujet eft magnétifé par un autre, lorfque celui qui fait l'expérience n'agit point. Ces précautions prifes, le Magnétifeur pourra & devra rendre compte des fenfations intérieures, la vue devant indiquer fuffifamment les fenfations qui fe manifeftent à l'extérieur. On ne doit pas efpérer, à cette diftance, de produire avec exactitude les effets qu'on obtient de près : fur les paralytiques, par exemple, auxquels on procure fouvent un mouvement fenfible dans les doigts, la direction éloignée pourroit être vague, & ne point agir avec affez de précifion : ainfi, pour ceux-là, on n'exigera pas les mêmes effets, encore qu'il foit poffible d'y réuffir.

VIII. EXPÉRIENCE. *Agir magnétiquement, d'une maniere fenfible fur une perfonne fufceptible, à la diftance d'une ou deux lieues.* Quoiqu'il ne foit pas néceffaire d'avoir déjà magnétifé la perfonne qu'on veut foumettre à cette expérience, comme le penfent ceux qui, ignorant le principe

par lequel on agit, fuppofent qu'il faut avoir préa-
lablement un rapport établi, il fera avantageux
néanmoins que le Magnétifeur connoiffe *magnétiquement* la perfonne ; & vû l'éloignement,
l'expérience ne doit fe faire que fur des fujets
très - fufceptibles. Si l'on exige que la perfonne n'ait pas encore été magnétifée, il faudra
que le Magnétifeur ait la liberté de la voir ;
car s'il ne la connoiffoit pas, il agiroit fur un être
de raifon qui feroit fans exiftence pour lui. Si l'on
veut lui interdire de la toucher ou magnétifer
avant l'expérience, l'opération n'en fera pas moins
poffible ; elle fera feulement plus longue & plus
difficile. On obfervera les mêmes conditions que
dans la huitieme Expérience, & l'on réglera deux
montres à fecondes, l'une pour le Magnétifeur,
l'autre pour la perfonne magnétifée. Si tous les
affiftans font de bonne foi, & qu'on ne traverfe
l'expérience par aucune fupercherie, le Magnétifeur pourra rendre compte des fenfations intérieures du fujet magnétifé, & ne
devra pas fe tromper fur les principaux effets
fenfibles.

IX. EXPÉRIENCE. *Soumettre à L'ACTION
MAGNÉTIQUE, un mal de gorge, une efquinancie,
une entorfe au moment de l'accident, & pareillement
une contufion forte, & les guérir par ce feul moyen;
c'eft-à-dire, réfoudre ou accélérer la formation de
l'abfcès; mettre en très-peu de temps en état de mar-*

cher, la personne qui s'est donnée une entorse: enfin empêcher l'ecchymose, suite ordinaire des contusions. Il n'est point de précautions à prendre pour cette expérience, parce que ces maux sont assez apparens; la seule chose à exiger, c'est qu'il n'y ait aucun *attouchement* de la part du Magnétiseur; car l'on ne doit pas craindre ici l'effet de *l'imagination*, ni le danger de *l'imitation*.

X. ET DERNIERE EXPÉRIENCE. *Mettre, par l'ACTION MAGNÉTIQUE, des personnes dans l'état de catalepsie, & d'autres dans l'état complet de somnambulisme.* Si l'on ne rencontre pas des sujets non magnétisés qui y soient propres, on pourra choisir dans les traitemens ceux qui s'y trouvent dans cet état, afin que le Magnétiseur les fasse agir magnétiquement. Les sujets réduits dans ces différens états, où ils sont toujours privés de la vue, seront bien plus sûrement encore dans l'obscurité, si on leur met le bandeau des Commissaires : alors le Magnétiseur devra déterminer tous les mouvemens de la personne cataleptique, qui obéira à ce qu'il exigera d'elle. Le somnambule, à son tour, deviendra le meilleur médecin magnétique ; phénomene dont il sera aisé de se convaincre, en lui présentant des malades inconnus ; non seulement il désignera leurs maladies, & indiquera la maniere magnétique de les soulager & de les guérir ; mais encore il agira lui-même sur eux magnétiquement, & produira les effets les

plus fenfibles. Alors le Philofophe obfervateur
ne fe laffera pas de confidérer des faits qui peuvent répandre le plus grand jour fur la nature
de l'homme & de fes facultés.

Ces expériences, & fur-tout les cinq premieres, feroient décifives; elles font dans les
termes du problême qu'il faut réfoudre, fi l'on
veut s'élever fans replique au deffus de la déci-
fion des Commiffaires : favoir fi *le Magnétifme
exifte fans l'attouchement, fans l'imagination &
fans l'imitation*. On ne parviendra pas à ce réfultat, fans avoir prouvé que le Magnétifme
qu'on femble vouloir étouffer dans fon berceau,
eft une *action vraie*, qui peut être d'un grand
fecours en Médecine, puifqu'elle feroit au moins
un guide affuré pour le Médecin, dont l'art fi
fouvent conjectural ne ceffe de le tromper fur l'ef-
pece & le genre des maladies, parce que la nature lui préfente fréquemment les fymptomes avec
plus d'intenfité que le principe même du mal.

Si l'on eft une fois bien convaincu que *l'action
magnétique* exifte, on étudiera peut-être mieux
ce qu'elle eft, on l'approfondira, & l'homme
pénétrera plus avant dans les myfteres que la
nature couvre il eft vrai d'un voile épais, mais
qu'il peut effayer de foulever. Quant à moi, je
crois voir ici une faculté de l'homme, un fens de
plus qui vient de lui être reftitué, & je fuis per-
fuadé que, s'il fait l'exercer, elle fera utile à l'humanité.

Je me plais à croire que l'homme, forti du fein de la Divinité, en a reçu tous les dons nécef-faires pour fe préferver ou guérir des maladies & de la douleur, en forte que fi la Nature feule trouve en elle-même, & fans le fecours d'aucun médicament, les moyens d'opérer la guérifon ou foulagement de la plupart des maux qui affligent l'homme, il doit avoir également en lui, des moyens perfonnels de coopérer à cette action bienfaifante, & de la diriger.

Je crois que la Médecine primitive a dû être auffi fimple que les maladies elles-mêmes de-voient l'être à cette époque; & que les hommes n'ont eu recours enfuite aux médicamens com-pofés, & pris dans les fubftances des trois regnes, qu'après avoir oublié les rapports directs de leur propre action, avec l'action générale & univer-felle; & fur-tout après avoir, par leurs excès & leurs déréglemens, donné naiffance à des maladies factices & compliquées, qui participent plus ou moins des propriétés malfaifantes des différentes claffes d'Etres dont ils ont abufé. Je penfe donc que les maladies de l'homme dans leur fimplicité originelle n'ayant leurs caufes que dans la foibleffe de fa propre nature phyfique & animale, fans influence ou mélange d'aucune fubftance étran-gere, il n'avoit pas befoin de chercher hors de lui les moyens de les foulager & guérir. Mais, foit que nos maladies actuelles, fi compliquées, réfultent ou non, des erreurs, des déréglemens &

des abus auxquels les hommes fe font livrés, je fuis convaincu qu'ils ont dû avoir, & qu'ils peuvent recouvrer encore les moyens de fe paffer jufqu'à un certain point, des médicamens qu'ils ont puifés dans les diverfes fubftances des trois regnes de la nature.

La queftion du *Magnétifme* fe préfente donc aujourd'hui fous un point de vue trop intéreffant, pour ne pas mériter la plus grande attention. En effet, tous les Médecins s'accordent à reconnoître dans la nature animale une vertu, une action, *quel qu'en foit le moyen*, qui tend puiffamment à la guérifon des maladies ; cette action falutaire porte la vie dans les parties mortes & para-lyfées, confolide & cicatrife les plaies, répare & fortifie les organes épuifés de travaux ou d'excès, provoque une circulation toujours ac-tive dans les fluides, & en expulfe avec force tout ce qui leur eft étranger ; procure enfin par des crifes efficaces l'évacuation des humeurs. Or cette vertu, cette action bienfaifante de la Nature n'eft point un Être de raifon, elle a dans les maladies aiguës, fa marche réguliere, fes époques & fes jours de crifes ; elle eft vraiment phyfique & fufceptible d'être réactionnée par des moyens également phyfiques. Tout l'art de la Médecine pratique eft fondé fur ce principe. C'eft à connoître la marche, les fymptomes & les effets de cette action dans les diverfes maladies que les Médecins font confifter toute leur fcience ;

c'eſt à la favoriſer, à la modérer, à la diriger
qu'ils s'appliquent ; mais comment y procedent-
ils ? par l'emploi des médicamens dont les effets
ſont preſque toujours variables, incertains, & leur
maniere d'agir inconnue. : c'eſt par eux cependant
que l'art eſſaye de modifier, circonſcrire, accélérer, ſuſpendre même l'action de la nature, &
il faut avouer que très-ſouvent il parvient à ſon
but. Or, puiſque cette vertu efficace de la nature
eſt très-réelle & phyſique, eſt-il démontré que,
pour la maîtriſer ou réactionner, l'art n'ait d'autres reſſources que l'action des remedes ſimples
ou compoſés ? eſt-il démontré qu'il n'y ait entre
l'homme & la nature que des moyens intermé-
diaires, &. qu'il n'en exiſte aucuns de plus
directs, par leſquels il puiſſe ſaiſir cette action,
avec plus ou moins de certitude qu'il ne le fait
par l'emploi des médicamens ; je penſe que
perſonne n'oſeroit l'aſſurer. Or M. *Meſmer* ſe
préſente, & dit avoir découvert un moyen
d'agir puiſſamment ſur l'animal ; il le prouve
par des faits, & il aſſure que cette action eſt
celle-même de la nature. Le repouſſera-t-on, ſans
l'entendre, ſans vérifier ſa doctrine & les faits
dont il l'appuie ? Non, il eſt de la ſageſſe du
Gouvernement de ne pas dédaigner ce qui peut ſi
eſſentiellement être avantageux à l'humanité.
C'eſt le devoir des Rois d'accueillir toute découverte utile à la Société ; celui que la France
a le bonheur de voir ſur le Trône des Lys, eſt

ami de ſon peuple & de la vérité ; il impoſera
ſilence à l'intérêt, à la rivalité, & ne laiſſera pas
à ſes Succeſſeurs ou à d'autres Souverains, la
gloire de favoriſer une découverte qui peut pro-
longer des jours chéris par ſon peuple, & éloi-
gner de lui la maladie. Si cet Écrit lui parvient,
il ſuſpendra peut-être ſon opinion ſur une queſtion qui intéreſſe tous les hommes ; que les uns
ne conſiderent que d'un œil diſtrait ; que d'autres
dédaignent, parce qu'ils ſont peut-être humiliés de
n'avoir pas marché les premiers dans la carriere ;
queſtion qui eſt calomniée par l'intérêt ; défendue
avec trop d'enthouſiaſme par ceux qui ne l'ont
vue que ſous un de ſes rapports ; mais qui occu-
pera à jamais les hommes ſages qui conſentiront
à marcher lentement pour faire des pas plus
aſſurés.

La prudence veut qu'on examine de nouveau
la queſtion. Qu'on ſe borne d'abord à conſtater
l'exiſtence ou la non exiſtence de *l'action magnétique*, ſans chercher même à ſavoir ſi elle eſt
bien ou mal nommée, & ſans vouloir la définir.
J'ai indiqué les expériences qu'il convient de
faire pour s'en convaincre ; mais elles ne peuvent être concluantes pour l'univers, qu'autant
qu'elles ſeront faites en forme publique, ſous
les yeux & par les ordres du Gouvernement ;
ſi elles ſont priſes en conſidération, ſi on les
propoſe, il ſe préſentera des hommes qui viendront les réaliſer ; car ce que j'ai vu, ce que

j'ai éprouvé, ce qui me paroît poffible, je fuis convaincu que d'autres peuvent le faire, & je leur en abandonne la gloire. Ainfi feroit décidée la queftion principale, *l'exiftence du Magné-tifme animal*. Lorfqu'elle aura été pleinement réfolue, on pourra dire, comme les Commif-faires l'ont penfé, en commençant leurs expé-riences, que *le Magnétifme peut bien exifter, fans être utile*; mais ce n'eft que par une longue fuite d'obfervations qu'on pourra prononcer fur cette feconde queftion : *Quelle eft fon utilité géné-rale ou particuliere ?*

Je viens de dire fur le *Magnétifme animal* tout ce que les circonftances actuelles exigeoient; j'ai écrit fans chaleur, fans enthoufiafme, fans prévention, parce que je fuis fans intérêt per-fonnel; je n'ai dit que ce que je crois & con-nois; j'ai rendu juftice à tous les fectateurs du Magnétifme en général, & aux doctrines par-ticulieres; on doit me favoir gré de ma fran-chife & de mon impartialité : l'Auteur de la découverte, M. *Mefmer*, n'aura point à fe plaindre; & fes Adverfaires, excufés & même juftifiés de l'erreur qu'ils ont embraffée, ne pourront être bleffés, de ce qu'on leur préfente les moyens de fe convaincre & de revenir fur leurs pas; mon unique but, eft de fervir mon pays, l'humanité entiere, & de porter mes Contem-porains à de férieufes réflexions fur une décou-verte fi digne de leur attention.

Ces

Cet Écrit fortant d'une plume ignorée, fera peut-être dédaigné par le plus grand nombre, lorfqu'on le comparera à un Rapport fupérieurement écrit, & rédigé avec beaucoup d'art, où les effets du Magnétifme, fi nombreux, fi étonnans, fi variés, font préfentés comme des effets ordinaires, & faciles à provoquer par *l'attouchement*, *l'imagination* & *l'imitation*, quoique cependant les exemples en ce genre, qui étoient auparavant connus en Médecine, fuffent regardés comme des phénomenes, & toujours claffés par les Praticiens parmi les obfervations les plus rares des fucceffeurs d'Hippocrate ; un Rapport où l'on amoindrit d'un côté, en exagérant de l'autre, les objets de comparaifon, afin de rendre vraifemblable que tous ces grands effets qu'on voit opérer à volonté dans les traitemens, n'ont befoin d'aucun *agent magnétique*, & que des idées un peu exaltées font fuffifantes pour les produire ; un Rapport au bas duquel, on voit après le nom du célebre Docteur *Franklin*, ceux de plufieurs Savans diftingués dans la Médecine & les Sciences Phyfiques. Leur autorité en impofera, fans doute, à ceux qui ne peuvent examiner l'objet par eux-mêmes, & le Magnétifme fera peut-être rebuté comme le fruit d'un charlatanifme dangereux : mais tandis que la multitude des hommes fe foumettra ; que d'autres, par intérêt, chercheront à entretenir la confiance dans ce moyen, dont ils

vanteront avec enthoufiafme les heureux effets ;
& que les Médecins enfin, après l'avoir fait profcrire, en feront eux-mêmes ufage; j'aime à croire
qu'il fe trouvera des hommes prudens, jaloux de
s'inftruire, qui dans la retraite & le filence ne
négligeront rien pour obferver, méditer, com-
parer, & que dans un temps plus ou moins
rapproché, *le Magnétifme animal* reparoîtra affez
grand, affez fort, pour fe foutenir & fe défendre
contre les attaques qui femblent devoir le vaincre
aujourd'hui.

*A Lyon, le 3 Septembre 1784.*

---

*Page* 11. *ligne* 1. n'y de même plus, *lifez* n'y ont de
même.

www.ingramcontent.com/pod-product-compliance
Lightning Source LLC
Chambersburg PA
CBHW032310210326
41520CB00047B/2625